BEI GRIN MACHT SICH IHR WISSEN BEZAHLT

- Wir veröffentlichen Ihre Hausarbeit, Bachelor- und Masterarbeit

- Ihr eigenes eBook und Buch - weltweit in allen wichtigen Shops

- Verdienen Sie an jedem Verkauf

Jetzt bei www.GRIN.com hochladen und kostenlos publizieren

Daniel Janocha

Aus der Reihe: e-fellows.net stipendiaten-wissen

e-fellows.net (Hrsg.)

Band 1101

Entdeckbarkeitstheorie. Eine Theorie über die Frage, ob mathematische Objekte von Menschenhand geschaffen sind

GRIN Verlag

Bibliografische Information der Deutschen Nationalbibliothek:

Die Deutsche Bibliothek verzeichnet diese Publikation in der Deutschen National-bibliografie; detaillierte bibliografische Daten sind im Internet über http://dnb.d-nb.de/ abrufbar.

Dieses Werk sowie alle darin enthaltenen einzelnen Beiträge und Abbildungen sind urheberrechtlich geschützt. Jede Verwertung, die nicht ausdrücklich vom Urheberrechtsschutz zugelassen ist, bedarf der vorherigen Zustimmung des Verlages. Das gilt insbesondere für Vervielfältigungen, Bearbeitungen, Übersetzungen, Mikroverfilmungen, Auswertungen durch Datenbanken und für die Einspeicherung und Verarbeitung in elektronische Systeme. Alle Rechte, auch die des auszugsweisen Nachdrucks, der fotomechanischen Wiedergabe (einschließlich Mikrokopie) sowie der Auswertung durch Datenbanken oder ähnliche Einrichtungen, vorbehalten.

Impressum:

Copyright © 2014 GRIN Verlag GmbH
Druck und Bindung: Books on Demand GmbH, Norderstedt Germany
ISBN: 978-3-656-88915-1

Dieses Buch bei GRIN:

http://www.grin.com/de/e-book/288625/entdeckbarkeitstheorie-eine-theorie-ueber-die-frage-ob-mathematische

GRIN - Your knowledge has value

Der GRIN Verlag publiziert seit 1998 wissenschaftliche Arbeiten von Studenten, Hochschullehrern und anderen Akademikern als eBook und gedrucktes Buch. Die Verlagswebsite www.grin.com ist die ideale Plattform zur Veröffentlichung von Hausarbeiten, Abschlussarbeiten, wissenschaftlichen Aufsätzen, Dissertationen und Fachbüchern.

Besuchen Sie uns im Internet:

http://www.grin.com/

http://www.facebook.com/grincom

http://www.twitter.com/grin_com

Entdeckbarkeitstheorie

Eine Theorie über die Beantwortung der Frage, ob mathematische Objekte von
Menschenhand geschaffen sind
Daniel Janocha

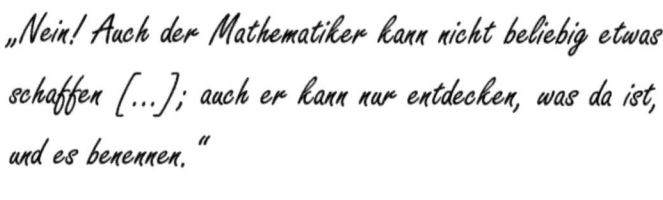

„Nein! Auch der Mathematiker kann nicht beliebig etwas schaffen [...]; auch er kann nur entdecken, was da ist, und es benennen."

Gottlob Frege in „Die Grundlagen der Arithmetik"

Für Manon Bischoff,
die mir gegenüber die Frage aufwarf, ob mathematische Objekte von Menschen gemacht sind.

Autor

Daniel Janocha, geboren in Mannheim, Studium der Mathematik und Mechanik an der Technischen Universität Darmstadt, seit 2013 Mathematikdozent an der Dualen Hochschule Baden-Württemberg Mannheim.

Zusammenfassung

Die Entdeckbarkeitstheorie ist eine Theorie der philosophischen Mathematik, die sich mit der Existenz derjenigen Objekte beschäftigt, mit denen Mathematik gemacht wird. In den „Grundlagen der Arithmetik" fasst Gottlob Frege [1] kurz und prägnant den philosophischen Kerngedanken der Entdeckbarkeitstheorie zusammen: Mathematische Objekte sind nicht von Menschenhand geschaffen, sie existieren unabhängig von menschlichem Denken. Der Mensch *benennt* mathematische Objekte, um mit ihnen arbeiten zu können. Das Definieren ist dabei aber kein existenzschaffender Prozess, es ist lediglich eine Taufe, eine Namensgebung für bereits Existierendes.

Grundlegend für die Definition aller mathematischen Objekte ist die Definition des Begriffs *Menge*. Georg Cantor definierte 1895 eine *Menge* als

> „jede Zusammenfassung M von bestimmten wohlunterschiedenen Objekten m unserer Anschauung oder unseres Denkens (welche die „Elemente" von M genannt werden) zu einem Ganzen."
> [2]

John von Neumann lieferte ein mengentheoretisches Modell zur Definition der natürlichen Zahlen [3], also für die elementarsten mathematischen Objekte. Die Entdeckbarkeitstheorie basiert auf von Neumanns Definition der natürlichen Zahlen und muss daher nicht auf die Peano-Axiome eingehen. Die von Neumann'sche Definition der natürlichen Zahlen motiviert das Axiomensystem der Entdeckbarkeitstheorie, aus dem die zwei Kernresultate der Entdeckbarkeitstheorie folgen:

- Alle mathematischen Objekte sind entdeckbar (Entdeckbarkeitscharakteristik).

- Aus entdeckbaren mathematischen Objekten können nur entdeckbare mathematische Objekte konstruiert werden (Hauptsatz der Entdeckbarkeitstheorie).

Aus der Entdeckbarkeitscharakteristik und dem Hauptsatz der Entdeckbarkeitstheorie folgt, dass der Mensch keine mathematischen Objekte schafft, sondern mit *a priori* existenten Objekten arbeitet. Das Ziel dieser Arbeit ist es, ausgehend von der Entdeckbarkeit der natürlichen Zahlen, die unmittelbar aus dem Axiomensystem folgt, die Entdeckbarkeitscharakteristik und den Hauptsatz der Entdeckbarkeitstheorie zu beweisen. Außerdem soll auf die philosophische Bedeutung der Entdeckbarkeitstheorie eingegangen werden.

Inhaltsverzeichnis

1 Grundbegriffe und Axiomatik

1.1 Existenz, Entdeckbarkeit und Erfundenheit

Grundlegend für die Entdeckbarkeitstheorie ist die Unterteilung von existierenden Objekten in Objekte, deren Existenz nicht durch menschlichen Einfluss begann, und Objekte, deren Existenz durch menschlichen Einfluss beginnt. Wir definieren:

Definition 1.1 (Menge aller existierenden Objekte, entdeckbar, erfunden).

- *Die **Menge aller existierenden Objekte** $\mathcal{O}_{ex}$ ist die Menge aller konkreten Objekte und aller abstrakten Objekte unserer Anschauung.*

- *Ein existierendes Objekt heißt **entdeckbar**, wenn seine Existenz nicht durch menschlichen Einfluss begann. Wir bezeichnen die Menge aller entdeckbaren Objekte mit $\mathcal{O}_{ent}$.*

- *Ein existierendes Objekt heißt **erfunden**, wenn es nicht entdeckbar ist, seine Existenz also durch menschlichen Einfluss beginnt. Wir bezeichnen die Menge aller erfundenen Objekte mit $\mathcal{O}_{erf}$.*

Existierende Objekte lassen sich dementsprechend in Entdeckungen und Erfindungen einteilen. Per Definition sind die Menge der Entdeckungen und die Menge der Erfindungen disjunkt, d. h.: Ist ein Objekt entdeckbar, so ist es nicht erfunden. Ist ein Objekt erfunden, so ist es nicht entdeckbar. Präzise:

$$\mathcal{O}_{ex} = \mathcal{O}_{ent} \cup \mathcal{O}_{erf} \quad \wedge \quad \mathcal{O}_{ent} \cap \mathcal{O}_{erf} = \emptyset.$$

Die vorangegangene Definition lässt sich in folgendem Schaubild darstellen:

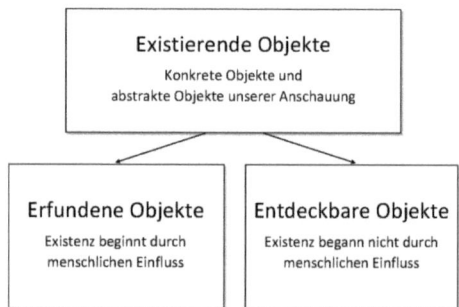

Abbildung 1.1: Die Entdeckbarkeitstheorie unterteilt existierende Objekte in entdeckbare und erfundene Objekte.

Beispiel 1.2 (Existierende Objekte).

- *Beispiele für konkrete erfundene Objekte sind Fahrräder, Taschen, Tische, Häuser, Hosen, Hemden etc.*

- *Beispiele für abstrakte erfundene Objekte sind juristische Gesetze, Algorithmen, Konventionen etc.*

- *Beispiele für konkrete entdeckbare Objekte sind chemische Elemente, Gesteine, Pflanzen, Erde, Wasser, Feuer, Luft etc.*

- *Beispiele für abstrakte entdeckbare Objekte sind die Natur, Naturgesetze, Tod, Gefühle etc.*

Zweifelsohne sind mathematische Objekte (Zahlen, Mengen, Vektorräume, Abbildungen etc.) abstrakt. Wir wollen im Folgenden klären, ob sie erfunden oder entdeckbar sind.

1.2 Axiome der Entdeckbarkeitstheorie

Wir wollen der Frage nachgehen, welche mathematischen Objekte entdeckbar sind. Mathematische Objekte sind zwar abstrakt, können nach obiger Definition aber unabhängig davon erfunden oder entdeckbar sein. Wir zeigen unter milden Forderungen, dass jedes mathematische Objekt entdeckbar ist. Dies folgt im Wesentlichen daraus, dass jedes mathematische Objekt als Menge definiert ist. Um Entdeckbarkeit sichern zu können, benötigen wir zum einen entdeckbare Objekte, also ein Existenzaxiom. Zum anderen ist ein Konstruktionsaxiom notwendig, mit dessen Hilfe wir aus der Entdeckbarkeit eines entdeckbaren Objekts die Entdeckbarkeit eines anderen Objekts folgern können.

Um das Axiomensystem stark zu halten, fordern wir lediglich die Entdeckbarkeit eines einzigen Objekts. Um ein Konstruktionsaxiom zu formulieren, lassen wir uns von der Intuition leiten, dass alle Konstituenten eines entdeckbaren Objekts entdeckbar sind. Um sich die Situation zu veranschaulichen, stelle man sich eine Zelle in einem Blatt einer Pflanze vor. Wenn die Pflanze entdeckbar ist, ist das Blatt entdeckbar, das einen Teil der Pflanze ausmacht. Und wenn das Blatt entdeckbar ist, ist die Zelle entdeckbar, die einen Teil des Blatts ausmacht. Dies ist klar, da die Existenz des betrachteten Objekts Pflanze nicht durch menschlichen Einfluss begann, also begann auch die Existenz der Konstituenten des betrachteten Objekts nicht durch menschlichen Einfluss. Wir haben also

$$\text{Pflanze entdeckbar} \Longrightarrow \text{Blatt entdeckbar} \Longrightarrow \text{Zelle entdeckbar.}$$

Es ist daher naheliegend zu fordern, dass alle Konstituenten eines entdeckbaren Objekts entdeckbar sind. Um ein hinreichendes Kriterium für Entdeckbarkeit zu erhalten, fordern wir Äquivalenz: Ein Objekt soll genau dann entdeckbar sein, wenn all seine Konstituenten selbst entdeckbar sind. Konkret postulieren wir:

Axiom 1.3 (Axiome der Entdeckbarkeitstheorie).

- **Existenzaxiom**: *Die leere Menge $\emptyset$ ist entdeckbar:*

$$\emptyset \in \mathcal{O}_{ent}.$$

- **Konstruktionsaxiom**: *Eine Menge M ist genau dann entdeckbar, wenn alle ihre Elemente entdeckbar sind:*

$$\forall x \in M : x \in \mathcal{O}_{ent} \Longleftrightarrow M \in \mathcal{O}_{ent}.$$

Man könnte auf die Idee kommen, das Axiomensystem abzuschwächen, indem man das Konstruktionsaxiom durch

$$\forall x \in M : x \in \mathcal{O}_{\text{ent}} \Longrightarrow M \in \mathcal{O}_{\text{ent}}$$

abschwächt. Dies impliziert aber, dass es entdeckbare Mengen geben kann, deren Elemente selbst nicht alle entdeckbar sind. Es kann dann sogar entdeckbare Mengen geben, von denen kein einziges Element entdeckbar ist. Abgesehen von dieser seltsam anmutenden Tatsache, ist beim abgeschwächten Konstruktionsaxiom problematisch, dass es kein Objekt als erfunden klassifizieren kann: Man kann per Negation zwar feststellen, dass jede erfundene Menge mindestens ein erfundenes Element beinhalten muss. Aber man erhält kein hinreichendes Kriterium für Erfundenheit. Betrachte hierzu die Menge

$$M_1 := \{\emptyset, \text{Gabel}\}.$$

$\emptyset$ ist nach dem Existenzaxiom entdeckbar, „Gabel" hingegen ist erfunden. Ob M_1 entdeckbar ist oder nicht, kann mit dem abgeschwächten Konstruktionsaxiom nicht beantwortet werden. Dasselbe gilt beispielsweise für die Menge

$$M_2 := \{\text{Auto, Ampel, Straße}\},$$

die nur aus erfundenen Objekten besteht. Ein ordentliches, der Intuition entsprechendes Axiomensystem würde M_2 als erfunden klassifizieren, da M_2 nur aus erfundenen Objekten besteht. Um diese Problematik zu umgehen, verwenden wir das in Axiom 1.3 angegebene Konstruktionsaxiom. Negiert lautet es

$$\exists x \in M : x \in \mathcal{O}_{\text{erf}} \Longleftrightarrow M \in \mathcal{O}_{\text{erf}},$$

da $\mathcal{O}_{\text{erf}}$ das Komplement von $\mathcal{O}_{\text{ent}}$ in $\mathcal{O}_{\text{ex}}$ ist. Ausgesprochen: Eine Menge ist genau dann erfunden, wenn sie mindestens ein erfundenes Element besitzt. Damit haben wir ein hinreichendes Kriterium für Erfundenheit, wenn wir das in Axiom 1.3 gegebene Konstruktionsaxiom negieren. Da es sowohl in M_1 als auch in M_2 erfundene Objekte gibt, liefert dieses Axiom, dass $M_1, M_2 \in \mathcal{O}_{\text{erf}}$, also dass sowohl M_1 als auch M_2 erfunden sind. Für M_2 entspricht dies der Intuition. M_1 besitzt aber ein entdeckbares Objekt. Das verwendete Axiomensystem besagt also, dass erfundene Mengen entdeckbare Elemente besitzen können. Nur wenn alle Elemente entdeckbar sind, ist die Menge selbst entdeckbar.

2 Entdeckbare mathematische Objekte

2.1 Konstruktion entdeckbarer Mengen

Zunächst geben wir eine Vielzahl allgemeiner entdeckbarer Mengen an.

Satz 2.1 (Konstruktion entdeckbarer Mengen). *Sei I eine beliebige Indexmenge. Seien $A_i \in \mathcal{O}_{ent}$ mit $i \in I$. Sei $M \in \mathcal{O}_{ent}$. Dann gilt*

$$\bigcup_{i \in I} A_i \in \mathcal{O}_{ent}, \qquad \bigcap_{i \in I} A_i \in \mathcal{O}_{ent}, \qquad X \subseteq M \Longrightarrow X \in \mathcal{O}_{ent}.$$

Beliebige Vereinigungen, Schnitte und Teilmengen entdeckbarer Mengen sind also entdeckbar.

Beweis. Seien $A_i \in \mathcal{O}_{\mathrm{ent}}$ für $i \in I$, d. h. für beliebiges $i \in I$ gilt

$$\forall x \in A_i : x \in \mathcal{O}_{\mathrm{ent}}.$$

- Es ist zu zeigen: $\forall x \in \bigcup_{i \in I} A_i : x \in \mathcal{O}_{\mathrm{ent}}$. Dies folgt unmittelbar aus

$$x \in \bigcup_{i \in I} A_i \Longrightarrow \exists i \in I : x \in A_i \Longrightarrow x \in \mathcal{O}_{\mathrm{ent}}.$$

- Es ist zu zeigen: $\forall x \in \bigcap_{i \in I} A_i : x \in \mathcal{O}_{\mathrm{ent}}$. Dies folgt unmittelbar aus der Tatsache, dass

$$x \in \bigcap_{i \in I} A_i \Longrightarrow \forall i \in I : x \in A_i \Longrightarrow x \in \mathcal{O}_{\mathrm{ent}}.$$

- Sei $M \in \mathcal{O}_{\mathrm{ent}}$, d. h. es gilt $\forall x \in M : x \in \mathcal{O}_{\mathrm{ent}}$. Sei $X \subseteq M$, d. h. $x \in X \Longrightarrow x \in M$. Es ist zu zeigen: $\forall x \in X : x \in \mathcal{O}_{\mathrm{ent}}$. Dies folgt unmittelbar aus

$$x \in X \Longrightarrow x \in M \Longrightarrow x \in \mathcal{O}_{\mathrm{ent}}.$$

$\square$

Wir wollen im Folgenden konkret entdeckbare Mengen angeben und beginnen mit Betrachtungen rund um die Menge der natürlichen Zahlen.

2.2 Entdeckbarkeit von $\mathbb{N}$

Wie eingangs bemerkt, liegt der Entdeckbarkeitstheorie die von Neumann'sche Definition der natürlichen Zahlen [3] zugrunde, sodass hier nicht auf die Peano-Axiome eingegangen werden muss.

Definition 2.2 (Menge der natürlichen Zahlen). *Definiere **Null** und den **Nachfolger** $n + 1$ einer natürlichen Zahl n durch*

$$0 := \emptyset,$$
$$n + 1 := n \cup \{n\}.$$

*Die **Menge der natürlichen Zahlen** $\mathbb{N}$ ist definiert durch die kleinste Menge mit den zwei Eigenschaften*

- $0 \in \mathbb{N}$,

- $n \in \mathbb{N} \Longrightarrow n + 1 \in \mathbb{N}$.

Die ersten vier natürlichen Zahlen sind damit gegeben durch

$$0 = \emptyset,$$
$$1 = 0 \cup \{0\} = \emptyset \cup \{\emptyset\} = \{\emptyset\},$$
$$2 = 1 \cup \{1\} = \{\emptyset\} \cup \{\{\emptyset\}\} = \{\emptyset, \{\emptyset\}\},$$
$$3 = 2 \cup \{2\} = \{\emptyset, \{\emptyset\}\} \cup \{\{\emptyset, \{\emptyset\}\}\} = \{\emptyset, \{\emptyset\}, \{\emptyset, \{\emptyset\}\}\}.$$

Aus der von Neumann'schen der Definition der natürlichen Zahlen folgt mit dem Existenzaxiom unmittelbar, dass 0 entdeckbar ist. Man überlegt sich leicht, dass alle natürlichen Zahlen entdeckbar sind.

Satz 2.3. *Die Menge der natürlichen Zahlen ist entdeckbar, d. h.*

$$\mathbb{N} \in \mathcal{O}_{ent}.$$

Beweis. Es ist zu zeigen, dass $\mathbb{N}$ entdeckbar ist. Nach dem Konstruktionsaxiom reicht es zu zeigen, dass jede natürliche Zahl $n \in \mathbb{N}$ entdeckbar ist. Beweis per vollständiger Induktion nach n.

- $0 = \emptyset$ ist nach dem Existenzaxiom entdeckbar.

- Sei $n \in \mathbb{N}$ entdeckbar. Dann ist nach dem Konstruktionsaxiom $\{n\}$ entdeckbar, da $\{n\}$ nur entdeckbare Elemente besitzt. Wegen

$$n + 1 = n \cup \{n\}$$

  folgt mit Satz 2.1, dass $n + 1$ entdeckbar ist.

$\square$

Satz 2.4. *Jedes n-Tupel mit Einträgen in $\mathbb{N}$ ist entdeckbar, d. h.*

$$x_1, \ldots x_n \in \mathbb{N} \Longrightarrow (x_1, \ldots x_n) \in \mathcal{O}_{ent}.$$

Beweis. Seien $x_1, \ldots x_n \in \mathbb{N}$. Ein n-Tupel ist definiert über

$$n = 0 : \quad () := \emptyset,$$
$$n > 0 : \quad (x_1, \ldots, x_n) := \{(x_1, \ldots, x_{n-1}), \{x_n\}\}.$$

Beweis per Induktion nach n.

- $() = \emptyset$ ist nach dem Existenzaxiom entdeckbar.

- Sei $(x_1, \ldots, x_{n-1})$ entdeckbar. Da $x_n \in \mathbb{N}$, ist x_n nach Satz 2.3 entdeckbar, also ist nach dem Konstruktionsaxiom auch $\{x_n\}$ entdeckbar. Damit ist

$$(x_1, \ldots, x_n) = \{(x_1, \ldots, x_{n-1}), \{x_n\}\}$$

  nach Induktionsvoraussetzung und nach dem Konstruktionsaxiom entdeckbar, da $(x_1, \ldots, x_n)$ nur entdeckbare Elemente besitzt.

$\square$

Korollar 2.5. $\mathbb{N}^k$ *ist entdeckbar.*

Beweis. Per Definition ist

$$\mathbb{N}^k = \{(x_1, \ldots, x_k) \mid x_1, \ldots, x_k \in \mathbb{N}\}.$$

Da alle $(x_1, \ldots, x_k)$ nach Satz 2.4 entdeckbar sind, ist $\mathbb{N}^k$ nach dem Konstruktionsaxiom entdeckbar. $\square$

Lemma 2.6. *Sei R eine n-stellige Relation auf $\mathbb{N}^n$. Dann ist R entdeckbar.*

Beweis. Dies folgt unmittelbar aus Satz 2.1, da $R \subseteq \mathbb{N}^n$. $\square$

Korollar 2.7. *Jede Abbildung $f : \mathbb{N}^k \longrightarrow \mathbb{N}^m$ ist entdeckbar.*

Beweis. Per Definition ist die Abbildung f eine Relation

$$f \subseteq \mathbb{N}^k \times \mathbb{N}^m,$$

also ist f nach Lemma 2.6 entdeckbar ($n = k + m$). $\square$

Satz 2.8. *Sei $\sim$ eine k-stellige Äquivalenzrelation auf $\mathbb{N}^k$. Dann sind alle Quotientenmengen $\mathbb{N}^k / \sim$ entdeckbar.*

Beweis. Per Definition ist

$$\mathbb{N}^k / \sim \, = \{[n]_\sim \mid n \in \mathbb{N}^k\}.$$

Wegen $[n]_\sim = \{x \in \mathbb{N}^k \mid x \sim n\}$ ist $[n]_\sim$ nach dem Konstruktionsaxiom entdeckbar, da alle Elemente von $[n]_\sim$ entdeckbar sind. Damit sind auch alle Elemente von $\mathbb{N}^k / \sim$ entdeckbar, also ist $\mathbb{N}^k / \sim$ selbst entdeckbar. $\square$

Wir sind nun bereit, unsere Betrachtungen auf $\mathbb{Z}$, $\mathbb{Q}$ und $\mathbb{R}$ auszuweiten.

2.3 Entdeckbarkeit von $\mathbb{Z}$, $\mathbb{Q}$ und $\mathbb{R}$

Satz 2.9. *Die Menge der ganzen Zahlen ist entdeckbar, d. h.*

$$\mathbb{Z} \in \mathcal{O}_{ent}.$$

Beweis. $\mathbb{Z}$ ist definiert als die Quotientenmenge derjenigen binären Äquivalenzrelation $\sim$ auf $\mathbb{N}^2$, die definiert ist durch

$$(a, b) \sim (c, d) \Longleftrightarrow a + d = c + b.$$

Es gilt also $\mathbb{Z} = \mathbb{N}^2 / \sim$. Da $\mathbb{N}^2 / \sim$ nach Satz 2.8 entdeckbar ist ($k = 2$), ist $\mathbb{Z}$ entdeckbar. $\square$

Damit lassen sich alle bisher gewonnenen Sätze über $\mathbb{N}$ auf $\mathbb{Z}$ erweitern.

Satz 2.10 (Aus $\mathbb{Z}$ konstruierte entdeckbare Mengen).

- *Jedes n-Tupel mit Einträgen in $\mathbb{Z}$ ist entdeckbar.*

- *$\mathbb{Z}^n$ ist entdeckbar.*

- *Sei R eine n-stellige Relation auf $\mathbb{Z}^n$. Dann ist R entdeckbar.*

- *Jede Abbildung $f : \mathbb{Z}^n \longrightarrow \mathbb{Z}^m$ ist entdeckbar.*

- *Sei $\sim$ eine n-stellige Äquivalenzrelation auf $\mathbb{Z}^n$. Dann sind alle Quotientenmengen $\mathbb{Z}^n / \sim$ entdeckbar.*

Beweis. Man ersetze in allen Beweisen von Satz 2.4 bis Satz 2.8 $\mathbb{N}$ durch $\mathbb{Z}$. Die Beweise bleiben gültig, da $\mathbb{Z}$ nach Satz 2.9 entdeckbar ist. $\qquad\square$

Satz 2.11. *Die Menge der rationalen Zahlen ist entdeckbar, d. h.*

$$\mathbb{Q} \in \mathcal{O}_{ent}.$$

Beweis. $\mathbb{Q}$ ist definiert als die Quotientenmenge derjenigen binären Äquivalenzrelation $\sim$ auf $\mathbb{Z} \times \mathbb{N}$, die definiert ist durch

$$(a, b) \sim (c, d) \Longleftrightarrow ad = cb.$$

Es gilt also $\mathbb{Q} = (\mathbb{Z} \times \mathbb{N})/\sim$. Das kartesische Produkt $\mathbb{Z} \times \mathbb{N}$ ist nach Satz 2.1 entdeckbar, da nach Satz 2.10 $\mathbb{Z} \times \mathbb{Z}$ entdeckbar ist und da $\mathbb{N} \subseteq \mathbb{Z}$ nach Satz 2.3 entdeckbar ist. Damit ist die Quotientenmenge $(\mathbb{Z} \times \mathbb{N})/\sim = \mathbb{Q}$ entdeckbar. $\qquad\square$

Damit lassen sich alle bisher gewonnenen Sätze über $\mathbb{N}$ und $\mathbb{Z}$ auf $\mathbb{Q}$ erweitern.

Satz 2.12 (Aus $\mathbb{Q}$ konstruierte entdeckbare Mengen).

- *Jedes n-Tupel mit Einträgen in $\mathbb{Q}$ ist entdeckbar.*

- *$\mathbb{Q}^n$ ist entdeckbar.*

- *Sei R eine n-stellige Relation auf $\mathbb{Q}^n$. Dann ist R entdeckbar.*

- *Jede Abbildung $f : \mathbb{Q}^n \longrightarrow \mathbb{Q}^m$ ist entdeckbar.*

- *Sei $\sim$ eine n-stellige Äquivalenzrelation auf $\mathbb{Q}^n$. Dann sind alle Quotientenmengen $\mathbb{Q}^n/\sim$ entdeckbar.*

Beweis. Man ersetze in allen Beweisen von Satz 2.4 bis Satz 2.8 $\mathbb{N}$ durch $\mathbb{Q}$. Die Beweise bleiben gültig, da $\mathbb{Q}$ nach Satz 2.11 entdeckbar ist. $\qquad\square$

Satz 2.13. *Die Menge der reellen Zahlen ist entdeckbar, d. h.*

$$\mathbb{R} \in \mathcal{O}_{ent}.$$

Beweis. Sei

$$X := \{(x_n)_{n\in\mathbb{N}} : \mathbb{N} \longrightarrow \mathbb{Q} \,|\, (x_n)_{n\in\mathbb{N}} \text{ ist Cauchy-Folge}\}.$$

$\mathbb{R}$ ist definiert als die Quotientenmenge derjenigen Äquivalenzrelation $\sim$ auf X, die definiert ist durch

$$(x_n)_{n\in\mathbb{N}} \sim (y_n)_{n\in\mathbb{N}} \Longleftrightarrow \lim_{n\to\infty}(x_n - y_n) = 0.$$

Es gilt also

$$\mathbb{R} = X/\sim = \{[(x_n)_{n\in\mathbb{N}}]_\sim \,|\, (x_n)_{n\in\mathbb{N}} \in X\}.$$

Jede Cauchy-Folge $(x_n)_{n\in\mathbb{N}}$ ist als Funktion nach Satz 2.12 entdeckbar. Wenden wir das Konstruktionsaxiom sukzessive an, so erhalten wir die Entdeckbarkeit von $[(x_n)_{n\in\mathbb{N}}]_\sim$ und von $X/\sim$, vgl. Beweis von Satz 2.8. Damit ist $\mathbb{R}$ entdeckbar. $\qquad\square$

Korollar 2.14. *Die Menge der irrationalen Zahlen ist entdeckbar, d. h.*

$$\mathbb{R}\backslash\mathbb{Q} \in \mathcal{O}_{ent}.$$

Beweis. Dies folgt unmittelbar aus Satz 2.1, da $\mathbb{R}\backslash\mathbb{Q} \subseteq \mathbb{R}$ und da $\mathbb{R}$ nach Satz 2.13 entdeckbar ist. $\qquad\square$

Damit lassen sich alle bisher gewonnenen Sätze über $\mathbb{N}$, $\mathbb{Z}$ und $\mathbb{Q}$ auf $\mathbb{R}$ erweitern.

Satz 2.15 (Aus $\mathbb{R}$ konstruierte entdeckbare Mengen).

- *Jedes n-Tupel mit Einträgen in $\mathbb{R}$ ist entdeckbar.*

- *$\mathbb{R}^n$ ist entdeckbar.*

- *Sei R eine n-stellige Relation auf $\mathbb{R}^n$. Dann ist R entdeckbar.*

- *Jede Abbildung $f : \mathbb{R}^n \longrightarrow \mathbb{R}^m$ ist entdeckbar.*

- *Sei $\sim$ eine n-stellige Äquivalenzrelation auf $\mathbb{R}^n$. Dann sind alle Quotientenmengen $\mathbb{R}^n / \sim$ entdeckbar.*

Beweis. Man ersetze in allen Beweisen von Satz 2.4 bis Satz 2.8 $\mathbb{N}$ durch $\mathbb{R}$. Die Beweise bleiben gültig, da $\mathbb{R}$ nach Satz 2.13 entdeckbar ist. $\qquad\Box$

Lemma 2.16. *Sei $(x_1, \ldots, x_n)$ ein n-Tupel. $(x_1, \ldots, x_n)$ ist genau dann entdeckbar, wenn $x_1, \ldots, x_n$ entdeckbar sind, d. h.*

$$(x_1, \ldots, x_n) \in \mathcal{O}_{ent} \Longleftrightarrow x_1, \ldots, x_n \in \mathcal{O}_{ent}.$$

Beweis. Beweis per Induktion nach n.

„$\Longrightarrow$":

- Induktionsanfang $n = 1$: Sei $(x_1) = \{\emptyset, \{x_1\}\}$ entdeckbar. Zweimaliges Anwenden des Konstruktionsaxioms liefert: x_1 ist entdeckbar.

- Gelte

$$(x_1, \ldots, x_{n-1}) \in \mathcal{O}_{\text{ent}} \Longrightarrow x_1, \ldots, x_{n-1} \in \mathcal{O}_{\text{ent}}.$$

  Es ist zu zeigen, dass

$$(x_1, \ldots, x_n) \in \mathcal{O}_{\text{ent}} \Longrightarrow x_1, \ldots, x_n \in \mathcal{O}_{\text{ent}}.$$

  Sei also $(x_1, \ldots, x_n) = \{(x_1, \ldots, x_{n-1}), \{x_n\}\}$ entdeckbar. Nach dem Konstruktionsaxiom sind dann $(x_1, \ldots, x_{n-1})$ und $\{x_n\}$ entdeckbar. Nach Induktionsvoraussetzung sind $x_1, \ldots, x_{n-1}$ entdeckbar, nach dem Konstruktionsaxiom ist x_n entdeckbar. Also sind $x_1, \ldots, x_{n-1}, x_n$ entdeckbar.

„$\Longleftarrow$":

- Induktionsanfang $n = 1$: Sei x_1 entdeckbar. Einmaliges Anwenden des Existenzaxioms und zweimaliges Anwenden des Konstruktionsaxioms liefert: $(x_1) = \{\emptyset, \{x_1\}\}$ ist entdeckbar.

- Gelte

$$x_1, \ldots, x_{n-1} \in \mathcal{O}_{\text{ent}} \Longrightarrow (x_1, \ldots, x_{n-1}) \in \mathcal{O}_{\text{ent}}.$$

  Es ist zu zeigen, dass

$$x_1, \ldots, x_n \in \mathcal{O}_{\text{ent}} \Longrightarrow (x_1, \ldots, x_n) \in \mathcal{O}_{\text{ent}}.$$

  Seien also $x_1, \ldots, x_n$ entdeckbar. Nach dem Konstruktionsaxiom ist dann $\{x_n\}$ entdeckbar. Nach Induktionsvoraussetzung ist $(x_1, \ldots, x_{n-1})$ entdeckbar. Also ist $(x_1, \ldots, x_n) = \{(x_1, \ldots, x_{n-1}), \{x_n\}\}$ nach dem Konstruktionsaxiom entdeckbar.

$\qquad\Box$

Satz 2.17. *Die Menge der reellen $m \times n$-Matrizen ist entdeckbar, d. h.*

$$\mathbb{R}^{m \times n} \in \mathcal{O}_{ent}.$$

Beweis. Seien $x_{11}, x_{12}, \ldots x_{mn} \in \mathbb{R}$. Wir definieren eine $m \times n$-Matrix mit Einträgen in $\mathbb{R}$ über

$$m = n = 0: \quad () := \emptyset,$$

$$m, n > 0: \quad \begin{pmatrix} x_{11} & \cdots & x_{1n} \\ \cdots & & \vdots \\ x_{m1} & \cdots & x_{mn} \end{pmatrix} := \begin{pmatrix} \{(x_{11}, \ldots, x_{1,n-1}), \{x_{1n}\}\} \\ \vdots \\ \{(x_{m1}, \ldots, x_{m,n-1}), \{x_{mn}\}\} \end{pmatrix}.$$

Beweis per Induktion nach n.

- $() = \emptyset$ ist nach dem Existenzaxiom entdeckbar.

- Sei $\begin{pmatrix} x_{11} & \cdots & x_{1,n-1} \\ \cdots & & \vdots \\ x_{m1} & \cdots & x_{m,n-1} \end{pmatrix}$ entdeckbar. Damit sind alle m Zeilen

$$(x_{11}, \ldots, x_{1,n-1}),$$
$$\vdots$$
$$(x_{m1}, \ldots, x_{m,n-1})$$

nach Lemma 2.16 entdeckbar. Da $x_{1n}, x_{2n}, \ldots, x_{mn} \in \mathbb{R}$, sind $x_{1n}, x_{2n}, \ldots, x_{mn}$ nach Satz 2.13 entdeckbar, also sind nach dem Konstruktionsaxiom auch $\{x_{1n}\}, \{x_{2n}\}, \ldots, \{x_{mn}\}$ entdeckbar. Damit ist in

$$\begin{pmatrix} x_{11} & \cdots & x_{1n} \\ \cdots & & \vdots \\ x_{m1} & \cdots & x_{mn} \end{pmatrix} = \begin{pmatrix} \{(x_{11}, \ldots, x_{1,n-1}), \{x_{1n}\}\} \\ \vdots \\ \{(x_{m1}, \ldots, x_{m,n-1}), \{x_{mn}\}\} \end{pmatrix}$$

nach dem Konstruktionsaxiom jede der m Zeilen entdeckbar, da jede der zweielementigen Mengen in jeder Zeile nur entdeckbare Elemente besitzt. Die m Zeilen bilden zusammen ein m-Tupel, das nach Lemma 2.16 entdeckbar ist. Daher ist jede $m \times n$-Matrix entdeckbar, also auch $\mathbb{R}^{m \times n}$.

$\square$

Nun stellt sich die Frage, ob algebraische Strukturen wie Gruppen, Körper oder Vektorräume entdeckbar sind.

2.4 Entdeckbare algebraische Strukturen

Wir wollen nun die Entdeckbarkeit von algebraischen Strukturen untersuchen. Dabei beschränken wir uns auf einige Beispiele. Unterstrukturen wie Halbgruppen oder Ringe sind dann nach Satz 2.1 entdeckbar und müssen nicht getrennt untersucht werden. Wir geben zunächst die Definition einer algebraischen Struktur wieder:

Definition 2.18 (Algebraische Struktur). *Eine **algebraische Struktur** ist ein Tupel (A, f_1, f_2, B, g), das aus Folgendem besteht:*

- *einem Universum A und einer Menge $B \neq \emptyset$,*

- *zwei inneren Verknüpfungen $f_1, f_2 : A \times A \longrightarrow A$,*

- *einer äußeren Verknüpfung $g : B \times A \longrightarrow A$.*

Lemma 2.16 und folgendes Lemma sichern die Entdeckbarkeit von algebraischen Strukturen, die über entdeckbare Objekte definiert sind.

Lemma 2.19. *Eine beliebige Abbildung $f : A^n \longrightarrow B^m$ ist entdeckbar, wenn A^n und B^m entdeckbar sind.*

Beweis. Wir zeigen das stärkere Resultat, dass jede $(n + m)$-stellige Relation R auf $A^n \times B^m$ entdeckbar ist. Daraus folgt die Behauptung, denn: Per Definition ist die Abbildung f eine Relation

$$f \subseteq A^n \times B^m.$$

Sei also R eine $(n + m)$-stellige Relation auf $A^n \times B^m$. Per Definition ist $R \subseteq (A^n \times B^m)$. Da A^n und B^m entdeckbar sind, ist das kartesische Produkt $A^n \times B^m$ nach Lemma 2.16 entdeckbar. Nach Satz 2.1 ist damit R entdeckbar. □

Damit eine algebraische Struktur entdeckbar ist, müssen also das Universum A, die Menge B und sowohl die inneren Verknüpfungen f_1, f_2 als auch die äußere Verknüpfung g entdeckbar sein. Dann sind alle Einträge des Tupels (A, f_1, f_2, B, g) entdeckbar, also nach Lemma 2.16 die komplette algebraische Struktur. Mit Lemma 2.16 und Lemma 2.19 folgt unmittelbar:

Satz 2.20 (Entdeckbare algebraische Strukturen).

- *Sei M eine entdeckbare Menge. Dann ist jede Gruppe $(M, *)$ entdeckbar.*

- *Sei K eine entdeckbare Menge. Dann ist jeder Körper $(K, +, \cdot)$ entdeckbar.*

- *Seien K und V entdeckbare Mengen. Dann ist jeder Vektorraum $(V, +, *, K, \cdot)$ entdeckbar.*

Beweis. Da M, K und V entdeckbar sind, reicht es nach Lemma 2.16 zu zeigen, dass die Verknüpfungen entdeckbar sind. Dies folgt aus Lemma 2.19, da die Verknüpfungen entdeckbare Mengen auf entdeckbare Mengen abbilden. □

Korollar 2.21.
- *Seien K und V entdeckbare Mengen. Dann ist jeder metrische Vektorraum $(V, +, *, K, \cdot, d)$ entdeckbar.*

- *Seien K und V entdeckbare Mengen. Dann ist jeder normierte Vektorraum $(V, +, *, K, \cdot, \|\cdot\|)$ entdeckbar. Insbesondere sind alle Banach-Räume entdeckbar.*

- *Seien K und V entdeckbare Mengen. Dann ist jeder Prä-Hilbert-Raum $(V, +, *, K, \cdot, \langle\cdot,\cdot\rangle)$ entdeckbar. Insbesondere sind alle Hilbert-Räume entdeckbar.*

Beweis. Da K und V entdeckbar sind, reicht es nach Lemma 2.16 zu zeigen, dass Metrik, Norm und Skalarprodukt entdeckbar sind. Aus der Definition

$$d : \quad V \times V \longrightarrow \mathbb{R}_0^+,$$
$$\|\cdot\| : \quad V \longrightarrow \mathbb{R}_0^+,$$
$$\langle\cdot,\cdot\rangle : \quad V \times V \longrightarrow \mathbb{R}$$

folgt unmittelbar, dass Metrik, Norm und Skalarprodukt entdeckbare Mengen auf entdeckbare Mengen abbilden. Damit sind sie nach Lemma 2.19 entdeckbar. □

Satz 2.22. $\mathbb{C}$ *ist entdeckbar.*

Beweis. $\mathbb{C}$ ist definiert als $\mathbb{C} := (\mathbb{R}^2, \oplus, \odot, \mathbb{R}, \cdot)$, wobei

$$\oplus : \quad \mathbb{R}^2 \times \mathbb{R}^2 \longrightarrow \mathbb{R}^2, \quad (a_1, a_2) \oplus (b_1, b_2) := (a_1 + b_1, a_2 + b_2),$$
$$\odot : \quad \mathbb{R}^2 \times \mathbb{R}^2 \longrightarrow \mathbb{R}^2, \quad (a_1, a_2) \odot (b_1, b_2) := (a_1 a_2 - b_1 b_2, a_1 b_2 + a_2 b_1),$$
$$\cdot : \quad \mathbb{R} \times \mathbb{R}^2 \longrightarrow \mathbb{R}^2, \quad c \cdot (a_1, a_2) := (c a_1, c a_2).$$

Damit ist $\mathbb{C}$ nach Lemma 2.16 entdeckbar, da $\mathbb{R}^2$, $\mathbb{R}$ und alle drei Verknüpfungen entdeckbar sind. □

3 Entdeckbarkeitscharakteristik und Hauptsatz der Entdeckbarkeitstheorie

3.1 Entdeckbarkeitscharakteristik

Es sollen nun Verständnisbeispiele gegeben werden, welche zeigen, wie der Denkprozess bei der „Entdeckungsreise" eines Objekts vonstattengeht. Mit analogen Überlegungen wie im Abschnitt 2.4 lässt sich nachweisen, dass beliebige Strukturen, die aus Mengen und Abbildungen bestehen, entdeckbar sind.

Beispiel 3.1 (Entdeckbarkeit von differenzierbaren Mannigfaltigkeiten). *Sei M ein topologischer Raum, dessen unterliegende Menge entdeckbar ist. Dann ist jede differenzierbare Mannigfaltigkeit $(M, \mathscr{S})$ entdeckbar. Dazu reicht es nach Lemma 2.16 zu zeigen, dass die differenzierbare Struktur $\mathscr{S}$ entdeckbar ist. Da sie nur aus Karten besteht, ist zu zeigen, dass jede Karte*

$$f : U(x) \longrightarrow \mathbb{R}^n$$

entdeckbar ist, wobei $U(x) \subseteq M$ eine Umgebung von $x \in M$ ist. Wir zeigen also, dass f entdeckbar ist. Da M (als Menge) entdeckbar ist, ist $U(x)$ entdeckbar. Weiterhin ist $\mathbb{R}^n$ entdeckbar. Damit ist jede Karte f als Abbildung entdeckbarer Mengen auf entdeckbare Mengen entdeckbar.

Um die Entdeckbarkeit einfacherer Objekte einzusehen, kann man versuchen, solange Definitionen zu verwenden, bis man zur dekodierten Menge gelangt, die nur aus Mengen besteht, die Mengen mit $\emptyset$ beinhaltet, auf irgendeine Art und Weise verteilt.

Definition 3.2 (Fundament). *Sei M ein mathematisches Objekt. Als **Fundament** $F(M)$ von M verstehen wir diejenige Mengendarstellung des Objekts M, die nach völliger Dekodierung entsteht.*

Das Fundament $F(M)$ besteht also nur aus den drei Symbolen $\emptyset$, { und }, auf irgendeine Art und Weise verteilt [1].

Satz 3.3 (Existenz und Entdeckbarkeit von Fundamenten).

- *Jedes mathematische Objekt besitzt mindestens ein Fundament. I. A. ist das Fundament nicht eindeutig bestimmt.*

- *Fundamente sind entdeckbar.*

Beweis.

- Betrachte ein mathematisches Objekt. Ersetzt man sukzessive die einzelnen Objektbestandteile durch ihre Definition, erhält man ein Fundament. Dass das Fundament i. A. nicht eindeutig bestimmt ist, wird in Beispiel 3.5 gezeigt.

- Betrachte ein Fundament. Wende das Existenz- und das Konstruktionsaxiom sukzessive an. Nach einem letzten Anwenden des Konstruktionsaxioms wird das Fundament als entdeckbar identifiziert.

$\square$

---

[1] Aber natürlich so, dass der dekodierte Ausdruck wohldefiniert bleibt. Ausdrücke wie }{{$\emptyset$}{ sind keine Fundamente.

Kennt man das Fundament eines mathematischen Objekts, so liefert unsere Axiomatik unmittelbar seine Entdeckbarkeit. Das Problem ist, dass es schon bei einfachen mathematischen Objekten schwer ist, das Fundament zu bestimmen, wie insb. Beispiel 3.5 zeigt.

Beispiel 3.4. *Wieso ist* $(0, 1) \in \mathbb{R}^2$ *entdeckbar? Betrachte*

$$(0, 1) = \{(0), \{1\}\} = \{\{\emptyset, \{0\}\}, \{1\}\} = \{\{\emptyset, \{\emptyset\}\}, \{\{\emptyset\}\}\}.$$

$\{\{\emptyset, \{\emptyset\}\}, \{\{\emptyset\}\}\}$ *ist das Fundament von* $(0, 1)$. *Wendet man das Konstruktionsaxiom dreimal an, so erkennt man, dass* $(0, 1)$ *entdeckbar ist.*

Beispiel 3.5. *Wieso ist* $(-2, 3) \in \mathbb{R}^2$ *entdeckbar? Beachte, dass* $-2 \in \mathbb{Z}$ *definiert ist als* $(0, 2)$ *unter der im Beweis zu Satz 2.9 angegebenen Äquivalenzrelation* $\sim$. *Mit*

$$-2 = (0, 2) \sim (1, 3) = \{\{\emptyset, \{1\}\}, \{3\}\}$$
$$= \{\{\emptyset, \{\{\emptyset\}\}\}, \{\{\emptyset, \{\emptyset\}, \{\emptyset, \{\emptyset\}\}\}\}\}$$

nach der von Neumann'schen Definition natürlicher Zahlen erhalten wir

$$(-2, 3) = \{\{\emptyset, \{-2\}\}, \{3\}\}$$
$$= \{\{\emptyset, \{\{\{\emptyset, \{\{\emptyset\}\}\}, \{\{\emptyset, \{\emptyset\}, \{\emptyset, \{\emptyset\}\}\}\}\}\}\}, \{\{\emptyset, \{\emptyset\}, \{\emptyset, \{\emptyset\}\}\}\}\}.$$

Das Existenzaxiom und das Konstruktionsaxiom liefern unmittelbar, dass $(-2, 3)$ *entdeckbar ist. Wählt man einen anderen Repräsentanten aus der Äquivalenzklasse, z. B.* $(2, 4)$, *erhält man ein anderes Fundament. Dieses ist vermöge unserer Axiomatik dennoch entdeckbar, wie man sich sofort überlegt, da auch dieses andere Fundament nur aus Mengen besteht, die Mengen mit* $\emptyset$ *beinhalten, auf irgendeine Art und Weise verteilt.*

Wir erkennen in Beispiel 3.5, dass das Fundament eines Objektes i. A. nicht eindeutig bestimmt ist. Außerdem sehen wir, dass die Bestimmung eines Fundaments i. A. zu komplex ist. Da aber jedes mathematische Objekt ein Fundament besitzt, kann jedes mathematische Objekt als entdeckbar identifiziert werden, da Fundamente entdeckbar sind. Dies halten wir als Entdeckbarkeitscharakteristik fest.

Satz 3.6 (Entdeckbarkeitscharakteristik). *Sei* M *ein mathematisches Objekt und* $F(M)$ *ein Fundament von* M. *Dann gilt:* M *ist genau dann entdeckbar, wenn* $F(M)$ *entdeckbar ist, d. h.*

$$M \in \mathcal{O}_{ent} \iff F(M) \in \mathcal{O}_{ent}.$$

Beweis. Sei M ein mathematisches Objekt und $F(M)$ ein Fundament von M. Da $F(M)$ aus M durch Dekodierung hervorgeht, gilt

$$M = F(M).$$

Diese Mengengleichheit impliziert: Ist M entdeckbar, so ist $F(M)$ entdeckbar. Ebenso: Ist $F(M)$ entdeckbar, so ist M entdeckbar. Also ist M genau dann entdeckbar, wenn $F(M)$ entdeckbar ist. □

Korollar 3.7. *Jedes mathematische Objekt ist entdeckbar.*

Beweis. Dies folgt aus der Entdeckbarkeitscharakteristik, wenn man beachtet, dass wegen Satz 3.3 die Aussage $F(M) \in \mathcal{O}_{ent}$ für jedes *beliebige* mathematische Objekt M wahr ist. □

3.2 Hauptsatz der Entdeckbarkeitstheorie

Die Entdeckbarkeitscharakteristik motiviert uns zu folgender Vorstellung: Wenn wir ein mathematisches Objekt konstruieren wollen, schöpfen wir beliebige Male die leere Menge aus $\mathcal{O}_{ent}$ und verpacken das Erhaltene. Dies wiederholen wir so oft, wie wir wollen. Die Entdeckbarkeitscharakteristik sichert schließlich, dass das am Ende erhaltene Objekt in dieser Gestalt schon selbst entdeckbar ist. Das heißt aber, dass das konstruierte Objekt in $\mathcal{O}_{ent}$ enthalten ist. Man hätte es also auch gleich erhalten können, ohne zu schöpfen und zu konstruieren. Also: Alle mathematischen Objekte, die man aus $\mathcal{O}_{ent}$ nimmt und konstruiert, sind entdeckbar. Es können mit Objekten aus $\mathcal{O}_{ent}$ keine Objekte geschaffen werden, die nicht schon selbst in $\mathcal{O}_{ent}$ enthalten sind.

Satz 3.8 (Hauptsatz der Entdeckbarkeitstheorie). *Sei M eine beliebige Menge und* $f : \mathcal{O}_{ent} \times \mathcal{O}_{ent} \longrightarrow M$ *eine Abbildung. Dann ist*

$$f(\mathcal{O}_{ent} \times \mathcal{O}_{ent}) \subseteq \mathcal{O}_{ent}.$$

Dies bedeutet: Sind x, y entdeckbare mathematische Objekte, so ist bereits jede Konstruktion $f(x, y)$ entdeckbar. Also: Aus entdeckbaren mathematischen Objekten können nur entdeckbare mathematische Objekte konstruiert werden.

Beweis. Sei M eine beliebige Menge und $f : \mathcal{O}_{ent} \times \mathcal{O}_{ent} \longrightarrow M$ eine Abbildung. Seien $x, y \in \mathcal{O}_{ent}$. Es ist zu zeigen, dass gilt:

$$f(x, y) \in \mathcal{O}_{ent}.$$

Nach Satz 3.3 besitzt $f(x, y)$ ein Fundament $F\big(f(x, y)\big)$, das nach demselben Satz entdeckbar ist. Nach der Entdeckbarkeitscharakteristik impliziert die Entdeckbarkeit von $F\big(f(x, y)\big)$ die Entdeckbarkeit von $f(x, y)$. Also ist $f(x, y) \in \mathcal{O}_{ent}$. $\square$

Beispiel 3.9. *Der Hauptsatz der Entdeckbarkeitstheorie soll am Beispiel einiger Rechenoperationen mit den mathematischen Objekten 1 und 4 demonstriert werden. 1 und 4 sind natürliche Zahlen und damit nach Satz 2.3 in* $\mathcal{O}_{ent}$ *enthalten. Betrachte weiterhin die Operation* $f \in \{$*Addition, Subtraktion, Multiplikation, Division, Potenzbildung* $\}$.

- *Addition:* $f(1, 4) = 1 + 4 = 5$, $f(4, 1) = 4 + 1 = 5$.

- *Subtraktion:* $f(1, 4) = 1 - 4 = -3$, $f(4, 1) = 4 - 1 = 3$.

- *Multiplikation:* $f(1, 4) = 1 \cdot 4 = 4$, $f(4, 1) = 4 \cdot 1 = 4$,

- *Division:* $f(1, 4) = 1 : 4 = \frac{1}{4}$, $f(4, 1) = 4 : 1 = 4$,

- *Potenzbildung:* $f(1, 4) = 1^4 = 1$, $f(4, 1) = 4^1 = 4$.

Die Ergebnismenge aller aufgeführten Operationen

$$\left\{ -3, \frac{1}{4}, 1, 3, 4, 5 \right\}$$

ist entdeckbar, da sie ausschließlich aus rationalen Zahlen besteht und damit nach Satz 2.11 entdeckbar ist.

3.3 Philosophische Bedeutung der Entdeckbarkeitstheorie

Die Entdeckbarkeitscharakteristik und der Hauptsatz der Entdeckbarkeitstheorie tragen den philosophischen Gedanken, dass Mathematik mit Objekten gemacht wird, die nicht von Menschenhand geschaffen sind. Der Mathematiker greift ein Objekt und benennt es. Der Prozess des Benennens ist allerdings, wie eingangs erwähnt, kein existenzschaffender Prozess. Das Objekt ist schon da, es existiert *a priori*. Es beginnt nicht zu existieren, wenn es benannt wird. Es ist gottgeschaffen. Im Sinne der Entdeckbarkeitstheorie sind Aussagen wie

> *„Die imaginäre Einheit wurde im 18. Jahrhundert erfunden.“*

oder

> *„Laurent Schwartz erweiterte die Theorie partieller Differentialgleichungen maßgeblich, indem er Distributionen erfand.“*

schlecht formuliert, da sowohl die imaginäre Einheit als auch Distributionen als mathematische Objekte entdeckbar sind.

Die Entdeckbarkeitstheorie gibt Anlass zur Anschauung, dass die Mathematik anderer Spezies im Universum mit denselben Objekten gemacht wird wie die irdische Mathematik. Ein Mathematiker einer anderen Spezies greift wie der menschliche Mathematiker nach mathematischen und damit entdeckbaren Objekten, benennt sie und macht damit Mathematik. Womöglich benennt er sie ganz anders als der Mensch, stellt andere Rechengesetze auf und beobachtet andere Gesetzmäßigkeiten. Er macht also eine ganz andere Mathematik als der Mensch. Aber er macht Mathematik mit denselben Objekten wie der Mensch.

Dass Mathematik speziesabhängig mit unterschiedlichen Gesetzmäßigkeiten für dieselben Objekte gemacht werden kann, rechtfertigt, warum Rechengesetze in der Entdeckbarkeitstheorie keine Rolle spielen: Unabhängig von den Gesetzmäßigkeiten zwischen den mathematischen Objekten existieren die mathematischen Objekte. Rechenregeln und -gesetze können erfunden werden, nicht aber die damit erhaltenen Objekte. Bswp. widerspricht es nicht der Entdeckbarkeitstheorie zu sagen, dass die Erweiterung von $\mathbb{R}$ auf $\mathbb{C}$ durch Einführung der imaginären Einheit $\sqrt{-1}$ *erfunden* wurde. Aber die imaginäre Einheit $\sqrt{-1}$ sowie $\mathbb{C}$ selbst sind nicht erfunden. Sie sind entdeckt, auch wenn sie zum ersten Mal aufgeschrieben werden. Ebenso widerspricht es nicht der Entdeckbarkeitstheorie zu sagen, dass Fourier die Fourier-*Transformation* erfunden hat. Aber die Fourier-*Transformierte* einer Funktion ist nicht erfunden. Sie ist entdeckt, auch wenn sie zum ersten Mal aufgeschrieben wird. Es ist zu unterscheiden zwischen den Vorgängen, die Objekte liefern, und den gelieferten Objekten selbst. Vorgänge sind erfunden, sie basieren auf menschlichem Denken. Die gelieferten Objekte allerdings sind mathematische Objekte und damit nach der Entdeckbarkeitstheorie *a priori* existent. Der Vorgang, der das mathematische Objekt liefert, kreiert nicht das mathematische Objekt. Er eröffnet nur die Sicht auf das bereits existente mathematische Objekt.

Wir halten fest, dass die Entdeckbarkeitstheorie zum einen liefert, dass mathematische Objekte nicht von Menschenhand geschaffen sind. Andere Spezies mit anderer Mathematik machen ihre Mathematik mit denselben Objekten wie die Menschheit. Zum anderen liefert die Entdeckbarkeitstheorie, dass Gesetzmäßigkeiten zwischen den mathematischen Objekten keine Rolle spielen. Alle mathematischen Objekte existieren *a priori*, unabhängig von speziesabhängigen erfundenen Rechenregeln und -gesetzen.

Literaturverzeichnis

[1] Frege, G.: *Die Grundlagen der Arithmetik*, Reclam (1987)

[2] Cantor, G.: *Beiträge zur Begründung der transfiniten Mengenlehre*, Mathematische Annalen 46 (1895), S. 481.

[3] Kriegel, K.: *Logik und Diskrete Mathematik: Grundbegriffe der Mengenlehre*, Vorlesungsskript, FU Berlin, Wintersemester 2008 / 2009